控局

运筹管理与实战策略

杜　赢◎编著

中国商业出版社

图书在版编目（CIP）数据

控局 ：运筹管理与实战策略 / 杜赢编著. -- 北京 ：中国商业出版社，2025. 8. -- ISBN 978-7-5208-3505-3

Ⅰ. B848.4-49

中国国家版本馆 CIP 数据核字第 2025T1F191 号

责任编辑：王　彦

中国商业出版社出版发行

（www.zgsycb.com　100053　北京广安门内报国寺1号）

总编室：010-63180647　编辑室：010-63033100

发行部：010-83120835/8286

新华书店经销

三河市众誉天成印务有限公司印刷

*

710 毫米 × 1000 毫米　16 开　8 印张　136 千字

2025 年 8 月第 1 版　2025 年 8 月第 1 次印刷

定价：49.80元

* * * * *

（如有印装质量问题可更换）

前言

人生如棋局，每个人都在其中扮演着不同的角色。有人为棋，身不由己地被局势牵引；有人控棋，运筹帷幄之中，决胜千里之外。在这个充满变数的棋盘上，如何成为一个真正的高手，掌控自己的命运，是每个人都需要思考的问题。

在中国浩瀚的历史长河中，流传着众多引人入胜的故事，它们不仅情节跌宕、人物鲜活，更蕴含着深厚的智慧与策略。这些故事看似讲述的是“术”的运用，实则探讨的是“道”的精髓。

本书正是为了帮助读者在人生棋局中更好地应对挑战、把握机遇而编写的。书中通过解读历史上的经典故事，提炼出控局之道的精髓，让读者在享受阅读的过程中，也能收获实用的智慧与策略。

中国古代史中的故事，就如同棋谱一般，为我们提供了丰富的智慧与策略。这些故事不仅是历史的见证，更是前人留给我们的宝贵财富。尽管我们与古人所处的环境大不相同，但在人性的层面上，我们与他们并无太大的差异。

在本书中，你能看到高手们如何吸引人才，集结资源，以独到的眼光发现人群中那些潜在的力量与价值。

你能看到他们在发现人才后，怎样收服人心，让他们为己所用，如何激发每个人的潜能，让团队成为一辆战车，能冲破任何艰难险阻。

他们从不畏惧挑战，敢于触碰那些棘手的问题，就像勇士冲锋在前线，不惧怕任何敌人。他们的勇气和决心往往能在危难中打开局面。

他们了解规则，同时也能运用规则，知道如何在方形的框架内活动，也知道如何利用圆滑的手段来打破僵局。

面对事情，他们不仅是在行动，更是在控局，他们的每一步都是对未来有着深远影响的决策，他们的每一次动作都是在下一盘大棋。

在语言方面，他们也有着极高的艺术掌握能力，他们懂得如何运用言辞，他们的辩论如同剑客之间的较量，犀利而又不失风度。他们能以一言之词化解矛盾，也能用一字之差改变局势。

他们能在任何场合掌控气氛，就像魔术师手中的魔杖，总能让人惊叹不已。他们的影响力如同磁铁一般，能吸引众人的目光，让整个场面都为之动容。

哪怕是在谈判桌上，他们也总能运筹帷幄，占据优势，将对手置于劣势。

当然，想要成为这样的高手并非一蹴而就，它需要我们在实践中不断摸索、总结和提升。只要怀揣着对成功的渴望和对智慧的追求，我们就能掌控自己的命运，在人生的棋局中走出一条属于自己的精彩道路。

第一章

揽才：让人誓死追随的顶级思维

驾驭：管理化繁为简的高阶理念

第三章

冲犯：纵横捭阖，将冲突化为和谐

方圆：谨慎不失圆满的处世方案

第五章

策略：高手博弈的微妙技巧

第六章

阏辩：有效确立观点的缜密逻辑

第七章

控场：主宰与说服的关键能量

谈判：逆风翻盘的心理博弈

第一章

揽才：让人誓死追随的顶级思维

揽才之术是一种顶级智慧的表现，是对人心的深谙与运用。揽才之道在于洞察人心、善解人意。它并非简单的利益交换，而在于如何通过情感、理念和事业的发展来打动人心，化被动为主动，转临时为永恒。

刘邦：成大事者，不挑小毛病

公元前 202 年，汉王刘邦与西楚霸王项羽在垓下再度交锋。此时的局势早已逆转，项羽被汉军重重包围，虽仍奋勇作战，但已是强弩之末，力不能支。

当项羽在营中吟唱《垓下歌》，那断断续续的声声悲鸣："力拔山兮气盖世，时不利兮骓不逝。"仿佛昭示着他的英雄末路。刘邦听后，只是轻蔑地大笑。面对众人，他毫不掩饰地表示：项羽即将败亡，尚在抱怨时运不济，这样的对手岂配与自己争夺天下？命令下达，便是全军猛攻。

刘邦的言语虽显张狂，实则切中要害。在秦末风云际会的英雄中，刘邦与项羽并为最耀眼的两人。若论统御众人之才，刘邦虽仅胜一筹，却已足以将项羽远远抛在身后。

曾经，始皇帝嬴政巡游天下，车驾威仪震慑四方，百姓争相围观。那时刘邦与项羽亦在人群之中，两人望着这等气象，心中各有所思。刘邦轻叹，认为大丈夫当如是；项羽则自语，此人终有一日可被取而代之。

项羽此言，出自贵族子弟的自信。他出身楚国名门，门生故吏遍布天下，举事之时可一呼百应。而彼时的刘邦，不过是个四处奔走，连亭长之职都未曾谋得的小混混，生活潦倒、举止放浪，常依赖朋友接济度日。若有人听见他那般夸口，恐怕连在屠宰场忙活的樊哙都会失笑不止。

但正是自那一刻起，刘邦已默默踏上超越项羽的征途。因为他从立下志向的那天起，人生便有了清晰的方向，之后一切言行皆为此目标而行。而项羽，自始至终都未真正明白自己所追求的究竟为何，直至乌江边自刎，仍然茫然。

若有机会让项羽重返当年的鸿门宴，他或许仍会顾忌贵族颜面，因而不忍下杀手，但他也定会怒问刘邦：你不过是个轻弃妻儿的小人！当年彭城之战，败逃之际，为了加快车速，你竟不顾亲情，屡次将亲子推下车去。你这样的人，怎会有如此多的英杰愿意追随？我项羽到底输在何处？

面对这样的问题，刘邦大概会笑着回应：因为我不在乎。

这所谓“不在乎”，若说得文雅些，便是“成大事者，不拘小节”。

刘邦确实能容人容己。他看重的是人的大才大用，从不在小节上苛责。正因此，他得以团结众多谋士猛将，共谋大业。而项羽则骄傲自恃，性情倨傲，对出身寒微者常常不屑一顾。乱世之中，真正的人才多出于草莽，若不能容其瑕，便无从用其所长。

韩信，号称“兵仙”，在崭露头角前曾侍奉项羽多年，屡献良策却未获重视，只因项羽瞧不起这个曾受胯下之辱的落魄贵族。后来韩信转投刘邦，初次见面便提出要担任统率三军的大将军。此言若对项羽，只怕当场便会被斥逐。但刘邦却能容其狂言，识其大志，终成月下追贤的千古美谈，也由此吸引了更多豪杰归附，使汉军日益强盛。

反观项羽，其用人之道却显狭隘。他麾下谋士寥寥，能称智者的人唯有亚父范增。然则，当刘邦略施巧计，便轻易离间二人，使得项羽误信传言，对范增心生疑忌。

有一次，项羽遣使者前往刘邦营中，刘邦命人设宴相待，特意安排了丰盛的菜肴。见使者到来，他装作失望地说，本以为是亚父的人前来，原准备好酒好菜，如今是项羽的人，宴席便无须再讲究了。转身又命使者与孩童同席而坐，满堂宾客皆明其意图——这是在挑拨离间。

旁人都看得明白，唯有项羽未曾觉察。当他得知此事，竟怒不可遏，非但不听范增解释，反而遣其出营。范增忧愤交加，归途中郁结成疾，不久病故。

这一失误，堪称项羽衰败的转折点之一。而刘邦，正是凭借对人性的深刻理解与灵活应对，最终化乱为治，成就了一统大业。

控局锦囊

逐鹿天下者，要在大是大非上恩怨分明，可如果过于在乎自己或他人细微处的过错，无异于给自己制造障碍。刘邦的行事作风堪称为人处世的教科书，如果我们打算做一番事业，那在确定目标后，就要大步朝着目标前进，不要把过多精力浪费在细枝末节的小问题、小毛病上。唯有宽容大度，才能处处有贵人相助。

刘秀：书信一烧，一笔勾销

更始二年（24），刘秀率军击败割据势力赵汉。当他踏入邯郸的赵汉旧宫后不久，突然浓烟从大殿升起，顷刻间将天空熏得如同锅底般暗沉。百姓围观之余，纷纷低语，说这刘秀自从起兵以来，每到一处便有天象异动，或星坠，或云翻，这次的烟云，恐怕又是天意显现。

而此时，站在宫中焚烧书信的刘秀听了这些传言，却心中一阵委屈。他一向以“人定胜天”自许，一步一步走来，哪一步不是艰辛求生、奋力突围？怎会愿意被称作“天选之人”？他清楚得很，自己的成功从不是靠命，而是靠人心。

这些被投入火中的书信，正是刘秀麾下将士所写的。往昔赵汉势大，这些人为了保全性命与前程，就写下指责刘秀的言辞，借此取得赵氏政权的信任。这些信，虽字字句句带着背叛之意，却也是身处乱世中不得不为的“投名状”。如今赵汉覆灭，江山已定，这些信件又重新落到刘秀手中。换作旁人，定会借此清算旧怨，一一追究，重罚失节之人。但刘秀却胸怀宽仁，亲自将所有书信焚毁，不留痕迹，也不问过往，是非尽付一炬之间。

刘秀明白，在乱世争雄的时代，能者居上，宽厚聚众。而要坐稳江山，远非武力足矣，更须赢得人心。早年间，刘秀与兄长刘縯共投起义军，兄勇而威，军中无人不惧。

可命运骤变。王莽覆亡，群雄并起，帝位之争浮出水面。义军中还有一位名叫刘玄的首领，虽无战功，却深得人心。众将拥戴刘玄为更始帝，而功勋卓著的刘縯反被冷落。刘秀对这一切心中不平，但冷静之后，他发现，真正的缘由在于刘縯行事刚猛，锋芒毕露，与诸将多有摩擦，众人惧其刚正不阿，担心日后遭清算，便转而拥立较为柔和、易于操控的刘玄。

刘秀顿悟，皇位从不是一个人能自取的权柄，而是多数人心中公认的秩序。唯有凝聚众人之心，方能成大事。他将这份领悟铭记于心，暂时隐忍，继续率军南征北战。然而，就在他征战途中，刘縯却被刘玄以“功高震主”为由处死。

噩耗传来，刘秀悲愤至极，却未有丝毫外露。他深知，若此时出头，不仅无力复仇，反而会自陷危局。他收起悲伤，更加坚定地走聚人心、谋长久之路。机会不久即到。当他攻克邯郸后，许多曾在赵汉统治下为自保而诋毁过他的人心惊胆战，唯恐遭到清算。但出人意料的是，刘秀下令焚毁所有旧信，不作追究。

此事传出，朝野震动。将士们在惊讶之余，无不佩服其胸怀，纷纷拜服，愿为其效命。百姓亦口耳相传，称刘秀“容人有度，度量如海”。而更始帝刘玄却因嫉妒与猜忌，继杀刘縯之后，又打压众多功臣，致使人心日散，将士纷纷逃离。最终，刘玄落得众叛亲离，死于非命。

而此时，刘秀“焚信不问旧怨”的雅名已传遍天下。那些曾离开刘玄、曾写信中伤刘秀的人，此刻纷纷前来投奔。他并未旧事重提，反而悉数接纳，量才授任。正因如此，四方英杰争相归附，刘秀声望日隆，终登上帝位，开启了汉室中兴的光辉篇章。

控局锦囊

团队管理中，面对成员的过失或背叛风险，一味苛责可能激化矛盾，而适当宽容与信任（需结合原则性）反而能激发其忠诚度。刘秀以“宽恕”代替“惩罚”，化危机为转机，展现了高超的控局之道。在群雄争霸的乱世中，相比单纯依靠武力，这种“攻心为上”的策略更能赢得人心。

曹丕：天下灾祸，错在寡人

公元220年，魏王曹操病逝，世子曹丕继承了魏王之位。他率领群臣步入皇宫，面对昔日高高在上的汉献帝，他眼神凝重，神情复杂。他知道，如今，终于轮到他来接过这副沉重的担子了。

曹丕虽然贵为帝王，却正处在内外交困的夹缝之中。外有孙权、刘备各据一方，虎视眈眈；内有权臣盘根错节，局势暗流汹涌。

一方面，民心未稳。汉室传承四百余年，百姓早已习惯于“刘氏正统”。即便汉献帝已形同傀儡，百姓仍对刘姓天子心怀敬畏。曹丕虽登大位，却难以一朝改易民心。另一方面，朝中大臣多有依傍，各自背后都有强大的门阀势力支撑，袁家、司马家皆为其代表。而许多仍忠于汉室的旧臣，也伺机而动，等待曹丕露出破绽。

若他只是一个庸碌之主，也许会顺势而为，苟且偏安。偏偏他志在一统，心有雄图，只得如履薄冰，处处谨慎，以求慢慢收拢人心。

尽管他小心翼翼，危机却仍迅速到来。登基次年，一场日食降临中原。古人视“天狗食日”为不祥之兆，百姓恐慌，朝臣纷纷借此发挥，将责任归于曹丕身边的重臣贾诩。

贾诩，三国名士，以沉稳老练著称。他早年便是谋臣中的翘楚，其谋略连诸葛亮也不禁叹服。他曾冒巨大风险建议由曹丕继位，为曹氏政权立下汗马功劳。登基后，贾诩忠心辅政，堪称栋梁。

众臣明知，一旦贾诩被斥，曹丕将陷入孤立，失去最为倚重的智囊。此时各方皆在观望，看他如何应对这场风波。若将贾诩推出斩断祸源，无疑是向众臣示弱；若执意维护，又似与天下为敌。

曹丕深思良久，终作决断。他没有强行压制众议，而是主动颁布一纸罪己诏，言辞恳切地向天下人承认：天灾人祸，皆因朕身失德，实乃朕之过。他以一己之力挡住风暴，将贾诩护在身后。

此举一出，朝野震动。百官惊讶于他的担当，百姓更是称颂不已。众人第一次看见，这位新帝虽出身权门，却有一份罕见的谦和与担当。曹丕非但没有因此削弱权威，反而赢得了广泛的民心，巩固了初立的政权。贾诩更是感激涕零，自此全心辅佐，再无保留。

而几乎在同一时期，江东之主孙权却走上了另一条路。他素以英明著称，少年得志，但年老之后却越发刚愎自用。凡事只许人顺，不许人逆。一有过失，孙权便推责于他人，从不自省。晚年更因猜忌成性，连亲子也被他诛杀。

大臣张昭直言规谏，他拔剑相向；重臣陆逊战功赫赫，却因一言不合被排挤至死。在孙权“错的都不是我”的处世方式下，东吴政局动荡，忠臣流散。

相较之下，魏国因曹丕的一纸罪己诏，人心渐归，国力增强。最终，孙权不得不接受曹魏的册封，成为魏国名义上的“吴王”，世人皆以此为笑谈。而东吴也由此失去了角逐天下的最后希望。曹丕以柔克刚，于乱世中稳住根基，为曹魏奠定了坚实的基础。

控局锦囊

真的犯错也好，欲加之罪也罢，人非圣贤，孰能无过？身为领导者，勇于在下属面前公开承认错误，这是果敢与负责的优秀品质。敢担责，能为他人撑起一片天的领导者，不仅不会丧失个人威信，反而会越发得到他人的尊敬、爱戴。

皇太极：一件貂裘拿下洪承畴

明崇祯十五年（1642），大明王朝风雨飘摇，义军遍起于关内，中原已如烈火烹油。而这场动荡的余波，远远传到了北方草原，令身在沈阳的皇太极亦感不安。

皇太极乃清太祖努尔哈赤第八子，自登位以来，励精图治，先平定女真诸部，继而稳固漠南边疆，展现出不凡的政治手腕与战略眼光。

作为明朝多年的强敌，皇太极此刻却并未因对手式微而感到轻松。恰恰相反，他深知，正是因为明廷被关内义军牵制，才暂时无力顾及关外。而一旦明朝土崩瓦解，群雄逐鹿，新的中原霸主迅速崛起，必定要首先清除他这个“边患”。届时，他所苦心经营的后金政权，将首当其冲，陷入前所未有的危机。

为此，皇太极急需一位对明廷政局了如指掌、对汉地风向敏锐洞察的智者，为他出谋划策，布局未来，使其能在这乱世之中，不仅稳固现有疆域，更要乘势而起，一举问鼎中原。

正当他苦思人选之际，天赐良机降临——明朝名将洪承畴在松锦战役中兵败被俘。此人曾数次击败义军，尤以镇压李自成最为著称，这一次出关伐清，更是几度将皇太极逼入险境，堪称明军柱石。

获知此讯后，皇太极心中大喜。他深知，乱世之中最难得的正是有识之才。洪承畴若能归降，无异于得一柱擎天之助。他顾不得多想，立刻赶赴囚所。可当他站在洪承畴面前时，尚未开口，对方便已目光凛然，厉声拒绝，使得他酝酿许久的言辞尽数咽回。

然而皇太极并未动怒。他深知将才难得，又岂会因一时羞辱而放弃？更何况，他素有招纳英才的耐心。他心中有三个字：磨，磨，磨。

他命人轮番劝降，日夜不辍。洪承畴起初充耳不闻，神色冷峻。但时日一久，内心不免动摇。国破家亡，朝野分崩，他开始思索未来的归路究竟在何方。

察觉洪承畴心态已有松动，皇太极决定加强攻势。他派出范文程与张存仁前往劝降。范文程早年效忠明朝，如今已成为清廷重臣；张存仁则是洪承畴昔日同僚，如今亦受重用。两人的出现不仅带来情感上的冲击，更是一种明确的暗示——这座新朝的大门并非拒人于千里之外。

皇太极要洪承畴明白，他所看重的是真才实学，而非出身门第。这二人既能得用，你洪承畴若归降，又怎会被埋没？只要愿意携手共事，前途未可限量。

洪承畴虽口中仍有斥责，但眼神已无从前那般坚定。范文程敏锐地观察到，当牢房屋顶落下灰尘时，洪承畴不动声色地将衣上的尘土轻轻拂去——一个真心求死的人，又怎会在意衣襟上的一点尘埃？

范文程回报此情后，皇太极神情振奋。他问张存仁：“你怎么看？”张存仁轻声答道：“这牢房太破，恐怕该修缮了。”皇太极闻言大笑，虽口中斥他不着边际，眼中却满是喜色。他已然明白，这微妙的举动，是洪承畴内心开始动摇的明证。

于是，他决定亲自再走一趟牢房。但这一次，他不再多言，而是脱下自己身上的貂裘，披在洪承畴的肩上。这一动作所传递的意义，无须多言：从今往后，你我同袍共心，荣辱与共。你担心世人非议，我便以自身为盾；你怕有辱清名，我来为你撑起门面。这不是屈辱的象征，而是共同承担的承诺。

洪承畴终于动容了。他从皇太极的举止中感受到了诚意，也看到了这位君主非凡的胸襟与气魄。此人可托终身，此国可图大业。他毅然放下过往恩怨，誓以余生辅佐新主。

自此，洪承畴成为清军最重要的谋臣之一。他献计三策，堪抵三十万兵马，又主张“以抚代剿”，助清军平定南方，免除无数百姓之苦。他虽改换门庭，却未改忧国之志，终在风云激荡的时代中，留下了浓墨重彩的一笔。

控局锦囊

皇太极在劝降洪承畴的过程中，展现出了收揽人心的顶级思维：够真诚，有耐心，没架子，不画饼。最重要的是，他能从细微之处读懂他人的潜台词。只要拥有这些优势，成功便唾手可得。

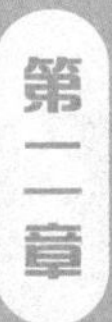

驾驭：管理化繁为简的高阶理念

化繁为简是管理的核心所在。管理之道在于深谙事理、善于简化。这不是简单的命令下达，而在于如何通过清晰的战略规划和高效的执行力来达成目标，在管理中寻找核心，在复杂中显露清晰。它不仅意味着对复杂问题的简化处理，更是对组织与资源的深谙与优化。

嬴政：治乱世，规矩最重要

公元前 221 年，秦王嬴政扫平六国，建立了中国历史上第一个大一统王朝——秦朝，自称“始皇帝”，意为“自此而始，帝王万世”。

很多人以为故事到此便该落幕，殊不知，这才是嬴政真正考验的开始。

“打天下难，治天下更难。”嬴政心中十分清楚：取得胜利是一回事，治理一个幅员辽阔、风俗迥异的帝国，又是另一番艰巨事业。

他面对的是一个前所未有的庞大局面。中国地域广大，十里有别音，百里换风俗。即便是毗邻的两个乡镇，生活方式也大不相同。何况当时刚刚统一，是由六个文化制度各异的国家整合而成，治理难度堪比再造天地。

有大臣向他建议，如今朝廷要治理如此广阔的疆域，实在不易。朝廷每下一道政令，就得通晓七八种语言。不如沿袭旧制，分封诸侯，让各地自行管理，朝廷只需维持名义上的统辖，便可省心省力。

嬴政却果断否决，在他看来，若还是像以前那般割据纷争，那自己又何必劳师远征，荡平天下？他深知，如果放任地方分权，势必旧乱复生，国家又将回到战国时四分五裂的局面。

其实，对于各国风俗制度的差异，嬴政早有体会。少年时期，他随父亲秦异人被迫前往赵国为质。彼时秦将白起曾坑杀赵军数十万人，赵人对秦恨之入骨，曾一度欲加害于他。为避祸，嬴政不得不四处藏身，日夜奔逃。

这一路辗转漂泊，他亲历各国，所见所闻各不相同。耳中是五花八门的语言，眼前是风格迥异的风俗。从那时起，年幼的他便在心中思索：若有朝一日真的统一天下，该以何种方式治理如此纷繁的万邦？

十余年后，终于有了答案。他意识到，要建立真正的统一，并非靠武力延续，而要让人们在生活上彼此接近，在秩序中达成认同。语言不通，可以不用言语；但规矩若一，万民可同道。他决意推行“书同文，车同轨，度同制”的政策。

他下令推行统一文字，以小篆为官方书体，让天下人用同一种笔画沟通政令；统一货币，使用圆形方孔的“半两钱”；统一度量衡，使市井交易公平有准；统一车轨与道路，使交通畅通南北，令四方车马通行无碍。

面对刚刚统一后的复杂局势，嬴政以简驭繁，制定出一套井然有序的制度。这些制度既便利了百姓的日常生活，也逐渐消除了各地的隔阂与敌意，促进了民族融合，巩固了国家统一。

以规矩治天下，这一理念不仅令大秦在短时间内民心稳定、政令畅通，更成为后世历代王朝治理国家的重要典范。嬴政用行动回答了那个少年时期的疑问：天下虽大，但只要法度一致，人人皆可安居其间。

控局锦囊

无规矩不成方圆，身为管理者，在面对性格迥异的下属、意见不同的局面时，不应该被其他人牵着鼻子走，而应该建立一套行之有效的规矩，让大家统一步调，这样才能打造出一支具有凝聚力的团队。

刘恒：天下大势，无为而治

在古代，争夺皇位绝非易事，不仅要有权势，更需深谋远虑。然而，却有一位皇帝，他的登基之路并非靠争，而是靠“无争”之道。他便是汉文帝刘恒。

在刘邦诸多儿子之中，排行第四的刘恒最为低调。他的母亲薄氏，原是叛王魏豹的妻子，魏豹被刘邦诛灭后，薄氏被纳入后宫，却始终不得宠。以这种出身，又无宠爱加身，按常理推断，刘恒能在成年后被封为藩王，已算是命运不薄。

可命运的转折，常在人意料之外。

刘邦驾崩之后，吕后执掌朝政，将刘邦的诸子铲除殆尽。而刘恒因过于平凡、毫无威胁，竟得以在这场腥风血雨中幸存。待吕后去世，刘邦昔日的重臣陈平、周勃等人迅速清除了吕氏势力。回顾宗室血脉之时，他们发现刘恒既有皇室身份，性情又温和可控，母族势力又十分单薄，便一致推举他登上帝位。

就这样，刘恒在一番波澜之后，意外被扶上了皇位。

他知道自己的帝位是诸多老臣共同扶持而来，真正的实权还掌握在他们手中。因此，他在朝政之初，始终保持不争不抢的态度，表现出一种“无为”的姿态。许多政务，他选择交由大臣处理，自己反倒显得悠然自得。

刘恒的“无为”并非懒政。他推行减刑宽政、轻赋薄税、鼓励农桑等措施，使国家在短时间内逐渐安定繁荣。

刘恒对待大臣，常以礼相待。凡遇国家大事，他往往召集众臣商议，虚心听取各方意见。这种开明的作风，在封建皇帝中实属难得。他的“无为”智慧，就在于能明理放权，让各位贤能之臣尽展所长，令朝政清明，百业俱兴。

他的生活极为节俭。即使贵为天子，也不喜铺张排场。他衣着朴素，饮食清淡，从不沉溺于奢靡享乐之中。在那个讲求威仪的时代，能如此简朴，尤显难能可贵。

当然，刘恒的“无为”并非固守不变。他知时而动，因势而为。譬如当北方匈奴威胁边境之时，他并未因循守旧，而是果断加强边防，整饬军队，确保国家安宁无忧。

此外，刘恒深知人才之于国家的重要性。他注重举荐与培养贤才，使得朝廷之中能臣辈出，政务得以高效推行。

控局锦囊

总的来说，刘恒绝对是个奇人。他靠不争登上了皇位，又用无为而治的策略成为一代明君。无论是智慧还是人品，都堪称一流。可见，很多时候，与其固执地去掌控，不如学会大胆地放手，让专业的人去做专业的事，或许会得到更好的结果。

孙策：以情动人，以礼感人

东汉末年，朝纲不振，权臣董卓挟天子以令诸侯，横行朝野，废立皇帝皆出于他一人之意。这种行径激起了各地诸侯的不满，天下将领中，又有谁愿眼睁睁看着一人专权？于是，群雄纷纷举兵，联合讨伐董卓。孙坚便是其中一位出征最为积极的将领。

孙坚虽素有骁勇之名，于战阵中无所畏惧，但临行前却对家中老小放心不下。他反复思虑，仍难以得出周全妥帖之策。孙坚的长子孙策，当时年仅十五，已是才貌兼备、性格开朗，少年时期便在江东颇具英名，结识了不少志趣相投的同龄英才。其中，舒城有一位少年名叫周瑜，年岁与孙策相仿，亦以才识出众闻名一方。周瑜听闻孙策之名，心中钦佩，特意前往江东拜会。

二人初次相见，便一见如故，志趣相投，常常畅谈天下大势，切磋武艺兵法，彼此心意相通，几近结义兄弟。

得知孙坚即将出征，而孙策一家尚未安顿，周瑜主动提出相助。

周瑜出身名门，家族在舒城有丰厚的产业，便慷慨借出自家一处宅院，用以安置孙策一家老小。孙策感激在心，将此事告知父亲。孙坚权衡再三，认为此举既妥当又安稳，正可解心头之忧，便决定将家眷迁往舒城。

自此以后，孙策与周瑜愈加亲密无间，犹如手足。周瑜对孙策之母吴氏极为敬重。每次来访，皆先至后堂拜见吴氏。吴氏见之，总是笑盈盈，亲切地扶他入座，常常感慨：此子如同自己另一个儿子。

正因有此深厚情谊，后来当孙策写信邀请周瑜助战之时，周瑜毫不犹豫，率亲随前来投奔，自此追随孙策南征北战，屡立战功。二人后来又分别娶了江北有名的乔家姐妹，结为连襟，情谊更加笃深。

除了周瑜之外，还有一人也曾享有“升堂拜母”的殊荣，那便是江淮名士张昭。其时，江东局势动荡，孙策思忖：要想稳定一方，需得一位才识过人的重臣主持大局。他便亲自礼聘张昭，并将其任命为长史、抚军中郎将。为了示以信任与亲厚，还特别举行了拜母礼，亲带张昭前往拜见自己的母亲。

张昭受此礼遇，深受感动，视孙策如手足。他随即尽展才略，辅佐孙策安定江东，使局势如磐石般稳固。孙策早逝后，他又辅佐孙权登位，功勋卓著，堪称孙氏政权的重要支柱之一。

控局锦囊

无论是组织管理、团队建设还是朋友交往，这个故事都在提醒我们：信任是合作的基石，情感是凝聚的纽带，礼遇是激发人心的钥匙。能够发自内心地尊重他人，善用人情与礼节来结纳人心，是一个领导者真正的智慧所在。

李世民：为政以德，譬如北辰

唐太宗李世民，被后世誉为“千古一帝”。李世民之所以能治理好国家，靠的并非刚愎自用的铁腕，而是施行仁政，推行德治，真正做到了爱民如子。

在贞观年间，有一位名叫刘恭的百姓，他生来外貌便与常人不同，脖子上有一块胎记，形状颇似一个“胜”字。这在乡间被视作吉兆，意为处事顺利、屡战屡胜。然而，若将“当胜”与“天下”二字连在一起，含义便大为不同，甚至令人误解为有谋逆之心。

刘恭性情迥异于常人，行事常标新立异。他竟自创“当胜天下”四字口号，到处张扬，言辞高调，这引起了地方官的警觉。不久之后，他便被捕入狱，作为图谋不轨的嫌犯论罪，将以谋反之罪被处死。

唐朝对死刑极为慎重，尤其对谋反等重案，须由皇帝亲自复核。李世民得知此案后，细读卷宗，不禁莞尔。他心想：这人不过出身农户，手头拮据到连去长安的路费都凑不齐。即便变卖了田产屋舍，也不过刚能糊口；若动员全族亲眷，恐怕连县衙也难以撼动。这样的人，如何能起事反叛？简直是无稽之谈。

因此，李世民不仅亲自下诏赦免了刘恭，还特意前往牢中探视这位“异想天开”的年轻人。刘恭回到乡里后，再未妄言“当胜天下”之语，村民们纷纷议论他的命大福厚，感叹道：若是落在隋炀帝杨广手中，恐怕早已命丧黄泉，坟头草都已三尺高了。

在封建时代，一位皇帝是否施行仁德，往往可以从刑罚制度中略见一斑。秦朝覆亡，秦始皇被后世诟病的一大原因，便是酷法严刑，使百姓苦不堪言。李世民深知此理，故而在位期间对刑罚多有革新。

古时常以杖责作为对轻罪之人施以惩戒的方式，既可示警，又不至于刑伤性命。对那些荒唐但未构成严重危害的行为，多以此为训。然而，李世民在阅读医书时，注意到人体背部有数处关键穴位，一旦被击中，极易伤及性命。他思忖：杖责本意在于小惩大诫，若因用刑不当而致人死命，岂非违背初衷？

于是，他果断下令：自此以后，打板子不得再打后背，只许打臀部。此举看似细微，实则彰显出对百姓生命的珍视。

但并非所有人都认同这一决定。有人上奏道，如此一来，杖责失威，难以震慑。李世民闻言，神情严肃，语气坚定。他认为，不能把杖责当作死刑来施行，治罪不是为了杀人。在他看来，生命至为宝贵，岂可因一时怒气，轻易夺人性命？

在李世民的治理下，刑法不滥，政风清明，既不姑息罪恶，也不苛虐百姓，其仁德之政，足以垂范后世。

控局锦囊

《论语》有云：“为政以德，譬如北辰，居其所而众星共之。”意思是说，统治者实行德政，老百姓自然会如众星捧月一样围绕着他。作为领袖，应该有仁慈宽厚的一面。让其他人感到亲切和蔼，他们才愿意与你亲近，和你建立更紧密的联系和更牢固的信任关系。

第三章

冲犯：

纵横捭阖，将冲突化为和谐

人生路上，总会遇到一些顽固不化、自视甚高之辈。对于这样的人，好言相劝往往无济于事，这时候，就得用点冲犯之术，以强硬的手段直击其软肋，让其从自满中惊醒，因势利导，将冲突化为和谐。

班超：切断后路，迫他臣服

东汉明帝时期，著名史学家班彪有一个幼子，名叫班超，自幼勤奋好学。年岁渐长后，兄长班固在朝中任校书郎，班超便随母亲一同前往洛阳，靠为人抄写文书维持生计。

一日，班超抄书多时，心生倦意，遂放下笔，叹息道："男子汉大丈夫，岂能终日伏案为人抄写？纵然才略有限，也应当像张骞那样，肩负使命、远赴异域，为国家建功立业，求取封爵。"其后之事，史书早有记载——班超果然从军，踏上征途。

彼时，匈奴仍是大汉心腹大患。在西汉强盛之际，名将卫青、霍去病曾数次深入漠北，大破匈奴，使其俯首称臣。然而，至王莽篡汉，形势骤变。王莽虽无治国之才，却善于借势自抬。他见匈奴暂无异动，便屡屡施压，借此标榜威严。

岂料压迫终将引发反抗，不久之后，匈奴举兵叛乱。此后，其内部分裂为南北两部。北匈奴盘踞西域，控制丝绸之路，时常出兵扰掠，致使汉朝与西域诸国民怨沸腾。但王莽无力应对，只得任其发展。直到东汉建立之后，西域事务才得以重新提上议程。

东汉初立，百废待兴，朝廷尚未理顺内政，自无暇顾及远方。然而，有大臣一再上奏，请求恢复与西域各国的关系。汉明帝虽不抱期待，却也派遣使团前往，以示安抚。

班超就在这支使团中。他心怀建功之志，意图以大汉使臣之尊，向西域诸国传达朝廷威仪。然而初至鄯善，便觉形势不妙。当地贵族对大汉使者冷淡，却对匈奴使者倍加礼遇，可见其心早已偏向匈奴。

大汉使者在外行事向来果断，遇辱不让。眼前之局，正为班超所用——这鄯善王向匈奴示好，无疑给了他反击之机。

于是，班超召集使团三十五人密议对策，拟于夜间突袭匈奴使团。夜幕低垂，风急月暗，一行人潜至匈奴营帐，点燃火堆，火光冲天。帐中之人尚在酣眠，忽闻焦味扑鼻，再睁眼时，竟见火焰席卷而来。顷刻间，匈奴使团乱作一团，有奔逃者，有救火者，有抢救财物者，情势大乱。班超率众趁机击杀，斩获颇丰。

翌日清晨，班超亲携匈奴使者首级，谒见鄯善王。王见之，神情骇然，暗生恐惧，意欲将班超一行交予匈奴，以求自保。

班超冷然应对，告诫鄯善王："今匈奴使者已被我军尽数歼灭，三十余名大汉使臣纵然皆被处死，也难以平息其怒。若将我等交予匈奴，只会两国皆怨，届时你将首尾难顾，必遭两面夹击。与其如此，不如断交匈奴，投诚大汉，尚有生机。"

鄯善王虽怒不可遏，却明白利害所在，终究不敢妄动，归顺了大汉。

控局锦囊

人在面临选择的时候，往往会摇摆不定。如果用利益去争取他，不仅会失去主动权，还容易被人利用，偷鸡不成蚀把米。

对方不选择，不代表我们不能帮他选择。切断他的后路，让我们成为他唯一的选择，此时不选择我们，他还有别的选择吗？

段秀实：斩你兵痞，阁下如何应对

唐朝中期，名将郭子仪在平定安史之乱中建立了赫赫战功，威名声震朝野。然而，纵使一代名将功高盖世，也难保子孙不肖。他的大儿子郭暖曾因与升平公主发生冲突，闹出“醉打金枝”的风波；三儿子郭晞则治军不严，间接促成了一位忠臣段秀实令人称道的事迹。

当时，郭晞驻军于邠州。因军纪废弛，当地不法之徒竟敢冒充其部属，在市井之间横行霸道，无人敢管。

段秀实时任都虞候，执掌军纪，相当于负责军队纪律的监察官。若有士兵扰乱治安，无论属谁麾下，责任终究归他。若直接依法惩处闹事者，势必得罪郭晞；若不处理，又失职于民。左右为难之际，段秀实另寻良策。

一日巡查途中，段秀实果然再次遇到郭晞部下在街头滋事，竟将一名店主杀害。他早已布置妥当，当即下令将十七名肇事士兵全部擒拿，绑缚带走。那些兵士面露惊惧，仍强自威胁，质问段秀实是否知道他们的身份，意图震慑段秀实。

段秀实并未理会，直接命令部属将这十七人当街斩首。此举引来百姓围观，掌声四起。原本屡受欺凌的百姓，终于有人为他们伸张正义，心中快慰不已。

消息传回军中，郭晞的士兵震怒，群情激愤，立刻披挂整齐，准备出营为同袍复仇。正待出发，却见门前停着一辆马车，段秀实端坐其上，神色从容。他下车后神态平和，边走进军营，边表示自己不过是一名老兵，既然众人欲杀，不必如此兴师动众，他此刻便自行前来。

士兵尚未反应过来，郭晞已惊出一身冷汗。他暗自思忖，若事情闹大，后果不堪设想。试想，若让事态发展成：郭晞部下扰民，段秀实依法处置其部下；随后段秀实死于郭晞军中。这无论如何解释，都难逃“指使谋害”的嫌疑。

意识到问题的严重性，郭晞连忙阻止士兵妄动。他本以为段秀实会因此感恩，却不料对方将他唤到一旁，一番训斥，语重心长，如同师长教育晚辈一般，言辞毫不留情。郭晞几次动怒，但一想到民意已激，若此时再杀段秀实，岂非火上浇油？只得忍气吞声，暗想只要此人离开，自有报复之机。

等训话完毕，郭晞正准备礼貌送客，不料段秀实先行开口，声称自己言辞过多，已口干舌燥，又觉腹中空空，身体不适，必须留在郭晞营中暂住一晚，请他安排饮食起居。

郭晞听罢，心中恼火不已，却不敢发作。他本就对训斥心存不满，如今又要亲自招待，内心愤懑难言。但面对段秀实，只得克制情绪，亲自安排人手保护，务必确保其安全。

次日清晨，段秀实并未就此罢休。他拉着郭晞，拜访当地官员，一一道歉，并亲自书写保证书，详述前因后果，使众人皆知实情。郭晞自此不仅彻底失去了报复的机会，还被迫严格约束部下。因所有人皆知，一旦段秀实有任何闪失，首个被怀疑之人，定是他麾下之兵。

控局锦囊

每个人都有软肋，郭晞的软肋就是绝不能让自己的名誉受损。因此，段秀实越是与他正面对垒，站在道德的高地上对他指指点点，他就越是不能报复段秀实。

许多事情都是如此，当我们处于不利地位的时候，与其坐以待毙，不如与对方堂堂正正地交锋，把事情闹得尽人皆知。对方投鼠忌器，绝对不敢把我们怎么样。

苏颂：把道理握住，谁的面子也不给

苏颂是北宋时期的著名宰相与外交官，其为人刚正不阿，才智出众，行事始终秉持公正原则，即便面对皇帝也毫不徇私。

苏颂在担任知制诰一职时，肩负着重要职责。皇帝的旨意须经他抄录、整理并润色成符合规范的公文后，方具备法律效力。这一职务看似普通，实则权力重大，国家各项政令在他面前一览无遗，且他还能通过起草诏令参与朝政事务。

一日，宋神宗命苏颂起草诏令，欲任命官员李定为太子中允。此诏令却令苏颂颇为不满。当时正值王安石变法，变法虽初衷良好，但实施办法存在诸多不完善之处，极易演变为扰民之策。王安石急于推行新法，全然不顾新法实施的可行性。王安石的做法招致朝中众多老臣反对，而一些心怀不轨之人则竭力吹捧新法，企图借此获得王安石的提拔，李定便是其中靠阿谀奉承得到王安石赏识的人。

苏颂见李定毫无功绩却将获任高官，坚决不肯起草诏书，对此事置之不理。

宋神宗久未收到苏颂回音，起初以为他忙于政务而遗忘此事，便再次下诏令。然而苏颂依旧未予理会，将诏令搁置一旁。接连两次都未得到回应，宋神宗不免焦急，觉得自己的旨意竟在朝堂之上得不到执行。于是，他向苏颂发出最后通牒，可苏颂仍旧拒绝起草诏令。

宋神宗勃然大怒，派人将苏颂召入宫中，严厉斥责他轻视诏令，认为若长此以往，国法将难以维持。苏颂早有准备，向宋神宗陈述自己不肯草拟诏书的三点原因。

其一，李定原本官职低微，骤然升迁，易使人觉得是皇帝个人偏爱，如此一来，日后官员提拔究竟该遵循皇帝喜好，还是正常流程，国法又该如何维护?

其二，即便破格提拔，也需有正当理由，李定既无杰出贡献，又未展现过人才能，难以找到合适措辞起草诏书，若仅以皇帝喜爱为由，甚至可将其纳入后宫，此说法显然荒唐。

其三，即便皇帝执意提拔喜爱之人，也应先了解其人，让其在身边相处，熟悉其能力与品性后，再行提拔之事。

苏颂所言句句在理，宋神宗被说得羞愧难当，最终还是将苏颂革职。

苏颂虽离开朝廷，但宋神宗心中始终记挂着这位忠诚耿直的老臣。没过几年，便再次起用苏颂，让他重返官场任职。

控局锦囊

苏颂刚正不阿，洞察政局，敢于直谏，不因权势而屈从。他以法理据实驳诏，指出任人唯亲之弊，既维护制度尊严，又不失忠诚之心。明知得罪权贵仍据理力争，展现出真正的政治远见与士人风骨。对现代人而言，坚守原则、敢言是非，既是担当，也是智慧，在管理控局中尤显可贵。

张浚：反间一出，叛将伏诛

南宋时期，大将军刘光世被任命为江东、淮西宣抚使，任务是防备依附金国的刘豫势力。刘光世在治军方面有自己的一套理念，他主张要让士兵忠诚，就必须以亲情相待，将士卒视作子侄，使之成为真正的“子弟兵”。

刘光世并不是那种严厉苛刻的将帅，他治下的士兵虽未闹出大祸，却普遍纪律松弛，行事散漫，时常惹出些轻浮的举动。次年，宰相张浚筹划率江淮大军北伐，决定让刘光世交出兵权，改由朝廷派遣的文官吕祉接管军队。

彼时，宋朝政治倾向“重文抑武”，武将往往受制于文臣，而文人多居高自傲。吕祉是典型的清高文臣，性格又极为刚硬，缺乏圆通，堪称书生气十足。在处理军务时，他不懂得权衡缓急，只知强硬执行，毫无弹性。

刘光世军中原本军纪就不严，吕祉忽然整肃军纪，一时之间士兵难以适应。士兵们面对吕祉，目光冷淡，满腹怨气。

虽然不善变通，但吕祉并非愚钝。他察觉士兵对自己心怀不满，思索许久，最终将问题归咎于一人——郦琼。他认为，士卒未必能独立判断，必是郦琼在背后煽动，导致军心不稳。于是，他上疏朝廷，请求罢免郦琼职务，剥夺其兵权。

在宋代，文官善于制衡武将，但武将的行动力与胆识却远非文官可比。郦琼得知吕祉上奏弹劾自己，愤然闯入吕祉官署，将其杀害，率部投奔刘豫。

此时，张浚正在府中宴请同僚，一名传令兵匆匆赶到，禀报了郦琼叛逃的消息。张浚闻言立刻停宴，找来一名心腹军士，取出一封蜡丸密信，交予此人，命其秘密送达郦琼。

军士询问该往何处寻找，张浚则告知只要依照他指定的路线行进，便可在途中遇见郦琼。军士依令出发，不久后却发现路线渐渐偏远，到达指定地点时，迎面而来的却不是郦琼部队，而是刘豫麾下的其他将领。

军士心中大惊，落入敌手，不仅被俘，连同他身上藏匿的蜡丸也一并被缴获。刘豫的部将将蜡丸呈上，刘豫亲自开启，只见其中写着一句话：这事能干就赶紧干，不能干你就带着人回来。

刘豫结合近日郦琼投降及军中异动的情况，顿生疑虑。他推测，这封密信应是写给郦琼的，莫非郦琼是假意归降？为防不测，刘豫暗中将郦琼的部属分散至其他军中，收回其兵权。

由于张浚的反间之计奏效，刘豫内部开始加强警戒，严防内乱，以至原本可能爆发的边境战事尚未点燃便偃旗息鼓。

控局锦囊

与“让对方做什么”相比，“让对方不做什么”反而更容易实现。要求对方按照自己的想法行动，往往需要大量的布置，执行过程还要保证不出任何差错。但是让对方停止做某件事，拖延事情发展的时间，只需埋下一颗怀疑的种子就够了。即便对方最后排除了所有错误答案，拖延时间的目标也已经达成了。

第四章

方圆：谨慎不失圆满的处世方案

人生如棋，步步为营，既要锐意进取，又需考虑周全，在进攻与防守间寻找最佳平衡。方圆之道在于深谙人心，它并非简单的僵硬教条，而在于如何通过深厚的感情基础和灵活的应变能力来达成目标，化刚为柔，化生硬为流畅。

孔子：子贡，请用别人喜欢的方式说话

有一次，孔子带着弟子们周游列国，途中行至一处荒野，正值烈日当空，已是午时。孔子示意众人暂且歇息，整备用餐。弟子们正忙着分发干粮，无人注意到，有一匹马悄悄离队，独自慢悠悠地朝远方走去。

等到众人吃饱收拾，准备重新上路时，孔子忽然发现少了一匹马。众人四下寻找，在一片浅草中发现了一行清晰的马蹄印。

孔子带着弟子们循着马蹄印追寻，不久便在远处的庄稼地里看见那匹正在啃食庄稼的马。细看之下，正是队伍中走失的那一匹。正当孔子准备让马夫前去将马牵回时，一位农夫提着钉耙怒气冲冲地走入田里，见马正在啃食庄稼，便上前呵斥，将马扣住。

眼见马儿惹祸，又被主人当场抓获，孔子叹息一声，正欲派人前去交涉，身旁的子贡便露出跃跃欲试的神情，似已准备好代师前往。

子贡素以口才出众著称，平日常与达官显贵往来，此番与农夫交涉，也可算是一番历练。孔子见他有意，便点头应允。

子贡神情自若，步伐坚定地走向农夫，自信满满地认为这不过是件小事。他站定后，从容地陈述马误入庄稼地的过失，言辞中强调宽容和大度。他指出，人非圣贤，孰能无过，而一匹马犯错，更属常情，劝说农夫应以君子之度原谅马儿。

然而，农夫此时正为庄稼被毁而愤怒不已，见一位衣着整洁的书生上前，口中尽是他难以听懂的词句，顿觉烦躁。他怒不可遏，挥拳作势，吓得子贡仓皇退避，不得不灰头土脸地退回队中。

子贡回来时满面失落，孔子似早知结果，转向一旁的马夫，示意其前去一试。弟子们不禁交头接耳，心中狐疑：连口才了得的子贡都未能说服农夫，一个不识字的马夫又能做些什么？然而，马夫很快便牵着马回来了，众人惊讶不已，子贡更是难以置信。

子贡追问他与农夫究竟说了些什么，竟能如此顺利地将马带回。马夫笑着解释，他只是告诉农夫，自己初来此地，不知田地归属；马儿更无分别之心，不知这庄稼属于谁家，只是见了便吃。农夫听后，觉得此话情理中肯，便放马归还。

子贡听罢，不解地自语，这话与自己说的又有何不同？孔子微微一笑，指出两人所讲之理虽无二致，但子贡用的是书生之言，农夫却难以理解。若想使人接受观点，关键在于换位思考，用对方能听懂的方式去表达。

控局锦囊

马夫说的话浅显易懂，和农夫不存在沟通障碍，自然更容易赢得农夫的理解。而子贡虽能引经据典、舌灿莲花，可农夫却听不懂他说的是什么。可见，与人交流时，想让对方心无芥蒂地接受你的建议，就要学会用对方习惯和喜欢的方式去说话。

张耳：保持清醒，消除执念

张耳与陈馀，都是战国末年魏国大梁人。二人早年交情深厚，命运轨迹亦多有相似之处。然而，后来的他们却渐行渐远，最终反目成仇，人生走向大相径庭。二人分歧的根源，实则早有伏笔。

年少时，张耳曾为信陵君门下食客，后来娶了一位富家女子，在岳父资助下得以出仕。陈馀年纪稍轻，也娶了一位门第显赫的女子，靠着岳家的背景过上了富足安稳的生活。两人皆为当时有名的才士，很快便结为知己，情谊日深。

待到秦国灭魏，二人被通缉，不得不乔装改名，逃往河南。他们以看门为生，身份卑微。所投之人是个性情暴躁的小吏，某日不知其因何心绪不佳，便迁怒于陈馀，对其横加鞭笞。

陈馀素来性情刚烈，早已心存不满，此刻想要反抗，却被张耳一把按住。张耳年长持重，虽也心有不忍，但深知当前处境艰危，只能强行压制陈馀之怒。陈馀被他这一按，方才忍下怒火，含恨忍辱。

这一段艰辛岁月中，两人相濡以沫，彼此扶持，友情也因此愈加牢固。后来得知陈涉起义的消息，他们毫不迟疑，收拾行装前往投奔。然而陈涉自视甚高，尚未稳固根基便妄图称王，张耳与陈馀屡劝无效，便另谋出路，向陈涉建议去辅佐将领武臣攻赵。

此举得到陈涉允准，二人随武臣进军赵地，并劝其自立为王。武臣采纳建议，封陈馀为大将军，张耳为右丞相。不久武臣遇害，张耳与陈馀幸而逃脱，随后立赵国旧贵族赵歇为王。

不久后，秦将章邯兵临邯郸，张耳与赵歇被围困于巨鹿。当时陈馀驻扎于巨鹿北方，尚有兵数万人。张耳急遣使者向陈馀求援。陈馀见秦军兵强，将士众多，深觉贸然出战无异于送死，一时犹豫未决。

两位求援使者见状焦急，误以为陈馀有意不救，便力请发兵。陈馀难以推辞，遂拨出五千兵士随其南下，不料兵败，全军覆没。

虽然后来项羽亲率大军击败秦军，救出张耳与赵歇，但张耳对陈馀按兵不动之事心生芥蒂，甚至怀疑求援使者是否被他故意杀害。陈馀感到委屈愤懑，拂袖而去，临走时丢下印绶，表示自己并不贪恋权位，也不是那种贪生怕死之人，随后径自离去，竟转入茅厕。

这一举动更多是赌气所致。张耳原也无意据为己有，只是身边门客见状大喜，劝他接过兵权，莫失良机。张耳犹豫之下，竟将印绶收起。

陈馀出门见状，心中一凉，信任尽失，悲愤交加，从此与张耳断绝往来。昔日情谊，至此破裂。

之后，张耳归于项羽麾下，灭秦有功，受封常山王。而陈馀因未参与，未得封赏。眼见张耳地位日隆，陈馀心中不平，遂兴兵攻之，夺走赵歇，有自立之意。

张耳见情势变化，再度选择归附刘邦。随着楚汉争霸尘埃落定，刘邦得胜，张耳因功被封赵王，位极人臣，善终而归。而陈馀则在韩信与张耳合力攻赵之战中败亡，葬身于乱军之中。

控局锦囊

张耳和陈馀之所以会走向截然不同的结局，关键就在于，陈馀执念太重，而张耳要比他识时务得多。无论是前期躲避通缉时的蛰伏，还是后期对追随对象的选择，张耳对形势的判断和认知显然都要高过陈馀一筹，也正是这份清醒和圆融，让他拥有了相对圆满的结局。

张飞：与其批评，不如给马超作示范

三国时期，猛将辈出，马超便是其中极具声望的一员。当年他联合关中诸将韩遂、张横、梁兴等人共同起兵反曹，声势浩大，在当时几乎无出其右。尤其是马超所统率的西凉铁骑，勇猛异常，曾将曹仁打得节节败退，形势危急，逼得曹操不得不亲自率兵驰援。

马超英勇善战，其战斗力之强，一度令曹操身陷险境。若非关键时刻，许褚奋不顾身保护曹操脱离危机，三国的局势恐怕将走向全然不同的轨迹。

然而，尽管马超骁勇无比，终究势单力薄，再加上盟友之间分裂不和，最终在与曹操的较量中败下阵来，兵败如山倒，局势难以挽回。

兵败之后，马超并未坐以待毙，而是转投汉中张鲁，希望另寻依靠。但张鲁用人眼光颇显短浅，未能识得马超之才，反而将他冷落一旁，不予重用。

既然在张鲁处难以施展抱负，马超便萌生另谋出路之意。审视天下局势，他将目光投向了益州的刘备。

彼时刘备虽力量不强，却已在益州征战多年，占据大部分地盘，且最重要的是，他素以礼贤下士著称，正需名将良才助其成事。马超料定投奔刘备定有用武之地，便遣人表达归顺之意，刘备果然欣然应允，双方一拍即合。

归附之后，马超为早日建功，便主动请缨攻打成都，不负众望，一举攻下成都，助刘备彻底平定益州。刘备大喜过望，待马超愈加亲厚，礼遇有加。

马超虽具将才，情识却稍显不足。因受刘备厚待，他渐渐生出几分自恃之意，言谈间，常直呼刘备表字“玄德”，毫无臣下之礼。

此情一出，关羽、张飞心中皆生不满。二人素以忠诚谨严著称，见马超如此怠慢刘备，便怀疑其并非真心归附，甚至暗生杀机。可刘备向来以仁德自许，怎会因微小无礼而轻动杀心？再者，马超确有大用，刘备惜才之意难以舍弃。

眼见此事难以正面提醒，唯恐伤人自尊而生嫌隙，张飞便另思他法。他私下与关羽商议，提出一策，关羽听后颔首称善。

次日朝会如常，刘备召集群臣议事。马超初至大殿，便觉气氛有异。只见关羽与张飞身佩利刃，肃立于刘备两侧，神情庄重，恭敬异常，仿佛在昭示主君威仪。

关、张二人皆为当世名将，见他们对刘备如此敬重，马超心中顿生羞惭之感。他终于意识到，虽为旧日诸侯之子，今已身为臣属，须明分寸，守本分。从此之后，他言行之间也越发谨慎恭敬，礼数周全。

控局锦囊

在处理马超的问题上，张飞的表现可圈可点，他运用十分巧妙的方式，引导马超发现了自身存在的问题，从而主动去改正。这样做在成功达到目的的同时，有效避免了当众撕破脸的尴尬，为马超保留了颜面。

徐达：误睡龙床，臣罪该万死

明太祖朱元璋，是一位从贫苦中崛起、最终坐上九五之尊的传奇人物。他的前半生四处奔波，广结同道；后半生则多疑慎密，喜猜忌而严惩功臣。在这复杂多变的帝王心性下，能在他身边得以善终的开国功臣寥若晨星，而徐达便是其中之一。

徐达出身农家，自幼便沉稳机敏、胆识过人。朱元璋起兵之初，徐达便慧眼识人，主动投效，随其征战南北，两人可谓生死之交。明朝建立后，徐达更将女儿嫁于朱元璋的皇子，成为皇亲国戚，恩义兼具。

彼时的徐达或许难以预料，昔日并肩作战的兄弟，日后竟会因帝王之猜忌，频频诛杀旧臣。一旦功高震主，哪怕再亲近的人，也难逃杀身之祸。

朱元璋即位后，多次重用律令整肃朝纲，尤对功臣旧将多加防范。徐达身为开国第一功臣，素得信任，却也清楚，自己在这份“功高之列”中，无疑是最为显眼的存在。为了避祸，他始终谨慎行事，在皇帝面前言语低调、举止谦恭，唯恐因一言一行而引来猜忌。

有一次，朱元璋召徐达入宫饮酒。在那个时局下，“饮宴”虽表面和乐，却往往暗藏凶险。徐达内心警觉，酒桌上最易失言，一旦失态，便可能自毁前程，甚至性命不保。但皇帝亲自开口，酒又怎能不饮？更不敢推辞。

于是他强作欢颜，奉酒敬辞，但内心始终不安。他想，若醉得彻底，也许反倒无话可说、不易误事，便一杯接一杯，终至醉卧不醒。

朱元璋见状，吩咐侍从将徐达抬至自己的御榻之上。

翌日清晨，徐达酒醒，迷蒙中察觉身下铺陈异常，睁眼望去，只见金龙盘绕、锦被覆身，竟是皇帝的龙床。他心中顿时一震，连忙翻身下地，俯身叩首，对着皇帝寝殿连连请罪，额头磕得鲜血渗出，神色间满是惊惶与自责，仿佛已犯下滔天大罪。

朱元璋听闻后，心中颇感欣慰，徐达如此谦卑恭顺，自非有异志之人。自此之后，朱元璋对徐达的疑忌便略有缓解。

虽成功化解此劫，徐达自知君心难测，愈加谨言慎行，事事小心，丝毫不敢懈怠。他始终绷紧一根弦，将忠诚和谨慎融入日常，甚至在临终前还叮嘱子孙：“侍君之道，唯有谦逊忠诚，切不可自恃功高而忘本。”

徐达用一生小心翼翼的行止，换来了在风雨朝堂中得以善终的命运，成为明初政坛中为数不多的“始终安然”的开国功臣。

控局锦囊

徐达能在朱元璋手底下保全性命，关键就在于他的分寸感。在与朱元璋相处的时候，他时刻牢记着彼此身份的不同，永远记得把自己放在臣子的位置，不给朱元璋留半分把柄。所谓“礼多人不怪”，说的正是这个道理。

第五章

策略：
高手博弈的微妙技巧

高手博弈，拼的不仅是实力，更是心智的较量。在这场博弈中，谁能洞察对手的弱点，谁就能占据先机。而策略的运用往往能在关键时刻扭转乾坤，使战局瞬间明朗。这不仅是一场技巧的比拼，更是一场智慧的角逐。

温峤：快算与精算，一样不能少

王敦年近六十，虽年迈却雄心不减，打着“清君侧”的旗号，率军进驻石头城后便不再撤离，意图以兵权震慑朝野。他倚仗军队在手，自觉底气十足，从此稳坐东晋第一权臣之位。

掌控大权之后，王敦心生废立太子之念。他自忖兵权在握，无人敢逆其意，然而此事却引来一位敢于直谏之人——太子侍从官温峤。温峤据理力争，一番言辞慷慨有力，使王敦一时语塞。王敦素来心高气傲，怎肯容忍被人顶撞？于是将温峤调入己方阵营，意图将其置于掌控之中，以便随意处置。

温峤深知王敦意图，权衡形势后决定暂且委曲求全。他入王敦幕下后，表现得恭敬有礼、谦恭顺从。他处事得当，言辞得体，不仅能言善道，且极善察言观色。王敦渐渐对他产生好感，尤其对温峤称赞自己的话语尤为欣赏，竟也放下了戒心。

在取得王敦的信任之后，温峤又将目光投向王敦的重要心腹钱凤。钱凤素有勇谋，性情刚烈，他人极难接近。然而温峤熟知人情世故，便以恭维之辞频频示好，今日称其“智勇双全”，明日赞其“忠义兼备”，久而久之，钱凤也开始对他心生好感，逐渐放松了戒备。

不久，掌管京师政务的重要官职——丹阳尹出现空缺。温峤见机而动，向王敦进言，称此职事关京城安危，非可靠之人不可任之。王敦试探性地询问他心中所荐何人，温峤便顺势推举钱凤，理由是钱将军忠勇可靠，最为适当。

钱凤得知此事，颇感温峤推举之情义，亦向王敦表达自己的态度，表示温峤才干出众，若由其担任此职，亦为上策，自己因军务繁忙，确实不便离职。

王敦见两人彼此举荐，心中更觉温峤识大体，遂断然任命他为丹阳尹。温峤得以脱离王敦掌控，内心暗喜，却面上不显。他清楚，钱凤虽暂时信任自己，但其警觉之心难以久抑，终将成为后患。

临赴任前，王敦为他设宴送行。温峤早有谋算，借着酒意，当众对钱凤无端责骂，言语粗暴，甚至动手扯下钱凤的头巾。钱凤大为愕然，一时不知所措。王敦见状，深恐两人冲突升级，急忙出面调解，命人将“醉酒”的温峤带离酒宴。

宴罢之时，温峤面露愧色，向王敦流露出悔意，称自己唐突失礼，担心因此惹王敦心生嫌隙，并请求无论身处何地，仍能得到对方庇护。王敦宽慰他，不以为意，表示无论何时皆会关照于他。

温峤临行时频频回首，做出依依不舍之状，实则心中喜悦难掩。他一离去，钱凤心中疑云骤起，急忙向王敦进言，称温峤此人不可信，或为朝廷安插之人。王敦听后不以为意，反而宽慰他，称昨日不过酒后失态，不必放在心上，年轻人性情浮躁，切勿小题大做。

钱凤闻言，更觉愤懑难平，心道此举关乎王敦安危，并非私怨，但王敦显然并不愿再追究。

温峤抵达建康后，旋即上奏王敦意图谋逆之事，朝廷立即调兵应对，趁王敦尚未察觉之时，已兵临城下。王敦震怒不已，痛斥温峤背信弃义，悔恨交加，然而为时已晚。数月后，王敦在忧愤中病逝，其称帝之梦亦随之终结。

控局锦囊

温峤深谙人情世故，巧借顺势之机，步步为营，在强敌环伺中脱身求变，最终反败为胜。他以谦恭取信，以机智控局，既避其锋芒，又巧施反制，展现了在险境中化解危局的智慧。

由此可见，处弱势时应懂得隐忍蓄力，巧于沟通，善于控局；待时机成熟，再精准出击，方能掌控主动，化被动为胜势。懂人心、识时局，是控局与突围的重要能力。

陈瓘：让小人的拳头没有着力点

北宋年间，王安石在宋神宗的大力支持下推行变法，举朝震动。他自认变法能济世安民，拯救百姓于水火之中，因此行事果决，不顾一切，颇有战国时主父偃“吾日暮途远，吾故倒行而逆施之”的气势。只是他改革过急，措施仓促，许多条令未及完善便匆匆推行，使得下层官吏执行时失了本意，引来一众老臣纷纷反对。

改革如此大事，光靠王安石与宋神宗二人自然难以支撑。许多眼光敏锐之人看到了其中的机会，纷纷投奔王安石，希望借此攀升仕途。王安石一心改革，急需人手，便采纳了“唯才是用”的策略，凡是赞同变法之人，无论人品如何，皆予以重用。

这种做法在曹操身上曾获成功，但王安石缺乏那样的掌控力，结果招来的多是趋炎附势、争权夺利的小人。其中最为典型的，便是他的女婿、大奸臣蔡京的弟弟——蔡卞。

朝廷的这些乱象让品行刚正、才识卓越的陈瓘倍感不满，尤其在学术方面，陈瓘对王安石提出的“经义取士”的主张极为不满。王安石凭借粗略的考证，自编《三经新义》，并规定科举考试必须以此书为准。这导致许多中第者，不是埋头死读此书的书呆子，便是文中极尽吹捧之能事的谄媚之人。如此取士，陈瓘不禁质疑：这些人登上仕途，真能为国分忧、为民谋福吗？

彼时王安石声势正盛，正面反对无疑是以卵击石。所幸如司马光、苏轼等人早已登上“擂台”，为反对变法而身受其难，陈瓘得以暂时站在场外，摇旗而不入阵。但命运忽然将他推上了前台——朝廷任命他为科举主考官。

这让蔡卞顿时警觉。多年以前，他曾看中陈瓘的才华，意图将其收为心腹，但陈瓘不愿与其为伍，每次见面便以病推辞，一“病”就是数年。蔡卞心知陈瓘的心思，自此两人结下嫌隙。

如今听说陈瓘主掌科举，蔡卞心中已有盘算。他认定，一旦陈瓘不将主张经义的学子列于前茅，便可扣以“妨碍变法、阻挠改革、蔑视权臣”之罪名予以惩治。

陈瓘心中明白，若一意排斥那些借变法上位之人，势必招来杀身之祸。几经思虑，他终于想出一法，既保自身安全，又不失正道。

他发现，蔡卞等人意在制造声势，而他所忧者，是国家的人才选拔。两者若巧加安排，亦可并行不悖。于是，陈瓘在主榜中将最受关注的前五名名额，悉数授予经学科中最为推崇王安石的新进之士，而在榜单后段，则按照实际才识、学问品行，录取了一批真正可为国所用之才。

如此一来，蔡卞等人得到想要的声势，便无从挑剔；而陈瓘也未曾违背良知，与流俗同流合污。在这场斗智斗勇的博弈中，他既守住了原则，又巧妙地避开了锋芒，赢得了一场不动声色的胜利。

控局锦囊

人生中难免会遇到实力不济却被推上擂台的情况，这时和强大的对手正面冲突，无疑是以卵击石，自取灭亡。因此，稍作退让才是最好的选择。不管对方准备了多么充分的攻击方案，只要你不接招，他的一切准备就都白费了。

不管多重的拳头，在没有目标可打的时候，都是毫无意义的。在硬实力不如对手的时候，就不要成为他的目标，让他无处下手，才是明智的抉择。

朱胜非：巧用“拖”字诀，拒绝有招

南宋初年，金兵南下势如破竹，宋高宗赵构率领朝臣仓皇南渡，举国震动。皇帝既已避走，局势混乱，苗傅与刘正彦趁机发动叛乱。他们深知，纵使不能取而代之，也要借机成为掌控大局的权臣。

二人早已熟读历代谋逆之策，明白“清君侧”往往是造反的正当借口。若要名正言顺，便需先斩“奸臣”以立威信。

朝中太监康履素有权势，与枢密副使王渊交情深厚。王渊因康履推荐而居高位，自然被视为康履同党。于是，苗、刘率军突入京城，诛杀王渊及太监百余人，声称是清除祸乱朝政的权臣。

第一步完成，接着便是立傀儡以操控政权。他们想强迫高宗退位，让年仅两岁的皇子即位，以此控制朝局。

各地将领见状纷纷起兵勤王，只是路途遥远，怕是援兵未至，叛军已阴谋得逞。为了给勤王军争取时间，宰相朱胜非只得暂时妥协，对苗、刘二人许以高官厚禄，以延缓其动作。

听闻朝廷愿意封官，苗傅与刘正彦大为欣喜，心想此番举事若能换得实权，岂非大功告成？正欲应允，却被一名心腹提醒，官职允诺虽好，倘若将来不予兑现，岂不空欢喜一场？为保稳妥，必须让朝廷出具丹书铁券，以示封赏有据。二人深以为然，旋即前往朱胜非处提出请求。

朱胜非听罢，内心愤慨难平。他深知丹书铁券乃国家重器，专颁有功之臣，岂能轻授于叛逆之徒？但事关安危，他不敢正面拒绝，于是以委婉之辞应对，表示此事需皇帝裁决，待查明制度流程再作定夺。此言一出，苗、刘二人误以为事情有门，便心满意足地离去了。

翌日，二人再次登门催问。朱胜非早有准备，命令下属配合演戏。他当众言道：若说丹书铁券只予有功之人，难道这两位将军不是有功之臣吗？他又反问众人是否知晓丹书铁券的制作方法。早已串通好的下属装作茫然无知。朱胜非故作恼怒，指责其办事不力，又转向苗傅与刘正彦，询问他们是否了解丹书铁券的制作方法。

二人面面相觑，连此物长什么样都不曾见过，自然无从答起。只得在朱胜非“怒斥无能”的场面下悻悻离去。

未能得到丹书铁券，苗傅、刘正彦的气势迅速衰落。不久，勤王之师抵达京城，叛乱随即被平定，二人亦在乱中丧命，自此再无机会谋求权位，再也无人听其索取封赏。

控局锦囊

朱胜非面对叛臣的无理要求，没有正面反驳，激化矛盾，而是巧用“借口拖延”与“反问转移”之法，一方面稳住局势，另一方面巧妙化解压力，最终达成拖延时间、稳控局面的目的。他明知不可许，又不可拒，便以模糊话术与流程为盾，使对方陷入被动。

当处于弱势而不宜正面冲突时，可用缓兵之计赢得时间，用“程序”化解难题，既不撕破脸，又不失立场，是职场与谈判中常见的高阶应对策略。

第六章

闳辩：有效确立观点的缜密逻辑

闳辩之术不但需口若悬河，更需逻辑缜密。这不仅是语言的艺术，更是思维的舞蹈，是逻辑与情感的完美结合。一言既出，既要让人眼前一亮，又要经得起推敲。幽默与犀利并存，才能在辩论中游刃有余，立于不败之地。

赵威后：以理服人，进退有度

提起中国历史上杰出的女政治家，许多人首先想到的是武则天。其实，早在战国时期，便已有胸怀天下、才识卓绝的女性参政理政，其中赵威后便是典范之一。

赵威后为赵国君主赵惠文王的王后。赵惠文王驾崩后，年幼的赵孝成王即位，朝政无人主持，赵威后遂垂帘听政，执掌国政，处理朝中大事。

赵威后当政期间，赵国与齐国虽有邦交，但两国关系并未深厚至无私援助、亲如兄弟的程度。一次，她接见齐国使臣，展现出非凡的政治见识与逻辑思辨能力。

齐国使者入见，依照礼节，先奉上齐王致赵威后的书信。赵威后未即启函，而是先关切地询问使者，齐国今年庄稼收成如何？百姓生活是否安稳？齐王身体安康否？

齐国使者闻言，神色顿生不悦，心中不解其意，认为赵威后言谈失序，自己肩负国君命令出使赵国，赵威后竟不先问候齐王，反倒将百姓和庄稼置于前列，是否轻慢了君上之尊？

赵威后并未动怒，而是温和地告诉使者，若庄稼歉收，百姓食不果腹，百姓无法生存，君王何以为君？若民不聊生，君位何安？一国之君，若无百姓托举，又岂能安享尊荣？其语虽平淡，却句句切中要害，使得齐国使者无言以对。

赵威后继续发问，齐国有一位名叫钟离子的人，他代君抚育百姓，发衣赈食，关怀疾苦，如此贤人，尚未得任用，岂不可惜？还有叶阳子，素来怜恤孤寡，凡遇不幸之人，总尽力扶助，他也无一职在身，实在令人叹惋。

齐国使者尚未回应，赵威后又进一步指出，齐国有一人名叫子仲，此人不忠于君上，不关心黎民，也不参与诸侯之事，整日浑浑噩噩，混日度年。对如此庸人，朝廷却久留不去，不惩不斥，如何能治理好国家？

她这一番问答环环相扣，使者听后冷汗涔涔，不禁惊叹：赵国的这位太后，不仅思虑周详，对齐国事务之熟悉，更胜于本国臣子。

事实也印证了赵威后的远见卓识。公元前 221 年，秦军攻入齐境，齐王建未战即降，齐国覆灭，齐王亦沦为亡国之君。

控局锦囊

赵威后的言谈技巧可总结为以下几点：

由浅入深，步步设问：她先从庄稼、百姓谈起，引导对方进入她设定的逻辑，再自然过渡到国家治理与人事任用的问题，层层递进，结构严谨。

以理服人，逻辑清晰：她强调“有民才有君”，以现实与根本之理驳斥使者的质疑，使对方无从反驳。

进退有度，不失风度：虽针锋相对，却不咄咄逼人，始终保持从容与礼貌，既维护了赵国尊严，又彰显了个人智慧。

这番应对，对我们在沟通、谈判、发言时颇具启发：有理有据、情理交融，远胜于强词夺理或情绪对抗。

乐羊子妻：反向批评，都是我不好

《乐羊子妻》中的乐羊子，是汉朝时期一位默默无闻的平民。虽然他的妻子姓名无考，但其品行贤良，被后世传颂不已。

一日，乐羊子在外行走时，偶然拾得一块金子，满心欢喜地带回家中，欲与妻子分享此“意外之财”。然而，妻子见状，不但未露笑颜，反而掩面而泣。她自责道，众人常言，若妻子贤德，丈夫便不会做出有违道义之事，如今丈夫竟将他人之物带入家中，可见是自己未尽为妻之责。

乐羊子对此颇感困惑，辩称自己并非挪用家中财物，只是拾得遗物，怎能算作失德？妻子随即以理相劝，她提到，古人有志之士，尚不愿饮盗泉之水，清白之人，亦不接受施舍之食。丈夫身为读书人，理应严于律己，何以将金块据为己有？乐羊子闻言，顿觉羞愧，随即将金子放回原处，收拾行装，启程外出求学。

求学之途，寂寞而清苦。时光才过一年，乐羊子便因思家之情，折返故里。妻子见他归来，并未欢颜相迎，反而神情凝重，质问他为何如此仓促返家。乐羊子答道，在外多日，思念妻母，故回家省视。

妻子听后沉默片刻，继而掩面而泣，自责容貌尚可，恐是因自身之姿色引夫婿早归，误其学业。随即起身，剪断其亲手纺成之丝织，对乐羊子说，织物需一线一线积聚方成布帛，中途剪断，前功尽弃；学业亦然，若无恒心，不可成才。她劝丈夫应如纺织之工，积学养德，不应半途而废。

乐羊子闻妻之言，感动至深，当即重整行囊，再次出门求学，此后一去七年，未曾归家。

在乐羊子求学期间，家中发生一事。邻人所养一鸡，偶入其院。其母见鸡无人认领，便擒来宰杀。乐羊子之妻见状，再次垂泪。其母见之惊讶，急问原因。

妻子低声回应道，皆因自己未能将家务操持得宜，使家境清贫，至于需食邻人之鸡，实感羞愧。其母闻言，亦感不安，自觉有所不妥，遂将已煮之鸡归还邻家，并亲自前往致歉。

控局锦囊

乐羊子的妻子不仅道德高尚，还能用自我批评的方法规劝丈夫和婆婆改正错误行为。很多话直接说出来会很伤人，普通的劝说在揭露他人的缺陷、错误时，也会变成残酷的指责。采用自我批评的方式让他人意识到自己的不足，既能达到规劝的目的，又不会损害双方的关系。

长孙晟：既非佳木，何不除去

唐太宗李世民的皇后长孙氏与其兄长长孙无忌，在“贞观之治”中功绩卓著，为盛世奠定了坚实的基础。而这两位显赫人物的父亲，正是隋炀帝麾下著名的将领——长孙晟。长孙晟不仅通晓兵法、武艺高强，更精通外交辞令，是当时少有的全才。

在其外交生涯中，曾发生一桩颇具智慧的往事。隋炀帝杨广即位后，因其得位不正，朝野上下对其多有非议。因此，他一心渴望借外部声誉来稳固政权，于是在位期间频繁搞出排场宏大的工程和活动，以彰显国家威仪。他甚至在张掖设立“万国博览会”，广邀外邦宾客，以此收获称颂。

大业三年（607），隋炀帝筹划北巡，意图巡幸榆林郡，借机在塞外展示兵力。他命长孙晟出使突厥，向启民可汗通报行程。皇帝出巡，随行仪仗之盛，自不待言。启民可汗得讯后，不敢怠慢，急忙派出使者四处召集各部首领，准备隆重迎接这位中原天子。

启民可汗虽怀诚意，迎接周到，但性情坦率淳朴，惯于草原习俗，不谙中原礼仪细节。皇帝巡幸所驻营帐，按中原礼制，应当将周围清扫整洁，以示尊重与庄严。然而营地四周却野草疯长，已达一人之高。如此情形，若有不轨之徒藏匿其间，极易生变，实为隐患。身为护卫重臣的长孙晟，见此情景，不禁心生忧虑。他深知，若因疏忽而致纰漏，后果将难以承担，自己也必难辞其咎。

但此事虽小，却难以直接指出。面对启民可汗这一国之主，倘若言辞不慎，极易引发误解。在礼法森严的时代，任何对他国君王的不敬之举，都可能被视为羞辱，甚至有损己方皇帝的颜面。身为强国使臣，长孙晟自知需以智慧应对，不可鲁莽。他思忖良久，决定以柔克刚，以巧言寄意，既要化解隐患，又须维系邦交之和，措辞之间，须分寸得当，分毫不差。

于是，长孙晟独自来到营帐前，见启民可汗正步出帐外，便随手拔起一株野草，放于鼻前嗅之，并神情郑重地称赞其香气馥郁。启民可汗见状，也随之俯身细闻，却发现毫无香气，便面露疑惑，称此不过寻常野草，毫无特别之处。

听到此言，长孙晟神色顿变，语气沉重地说道，可汗既言此草并非珍品，如今天子将至，诸侯自应清理道路与营地，以示敬意，亦为安全考量。眼前这营地，草木丛生，竟已高过人头。方才他见此，误以为是突厥珍贵之物，不便擅动，今听可汗一言，方知只是寻常草木，不除亦无益。

启民可汗听后，顿觉惭愧，连连致歉。他为表敬重之意，当即下令亲率部众清除营地周围之野草。此举不仅大得隋炀帝欢心，也令此次巡幸顺利圆满，宾主皆感满意。

控局锦囊

说话直来直去，每个意思都能准确地传达，这是沟通最好的方式。但我们生活在人情社会中，不管是工作还是生活，都不允许我们完全用直来直往的方式和所有人交流。因此，我们要学会绕点弯，用委婉的方式表达，让对方领会我们的意图。我们直接要求别人做什么，和我们说完之后别人觉得自己应该主动去做什么，这是截然不同的两回事。

第七章

控场：主宰与说服的关键能量

控场之道既是艺术，也是科学，它要求我们在瞬间捕捉人心，用话语和态度塑造出一种难以抗拒的影响力。控场不仅是掌握话语权，更是散发控制力与说服力的磁场。谁能稳稳地把控局势，谁就是真正的赢家。

庸芮：
太后，容我给您分析一下

战国时期，芈八子可称得上一位出色的女性政治家。她不仅有胆有识、谋断果决，而且开创了太后临朝摄政和外戚干政的先河。

秦昭襄王嬴稷继位后，由芈八子摄政，号称宣太后。她在临终之前，下令让男宠魏丑夫为她殉葬。魏丑夫听到这个决定时，神情顿时呆滞。他百般讨好这位年迈的太后，本是为了在人世间享受尊荣富贵，怎料这一切竟成了自己随她赴死的代价。魏丑夫未曾料到，太后竟深情至此，连黄泉之下也不愿与他分离。

大臣庸芮望着魏丑夫那无助哀怜的眼神，生出恻隐之心。他先是向宣太后提出疑问，说人死之后，是否还有知觉。宣太后转动眼珠，回答说，人死之后，自然无知无觉，既无痛苦，也无烦忧，因此让人殉葬不过是一时难受，死后便觉察不到了。

庸芮闻言，立即顺势说太后果然聪慧，连死后的感受都能推断得如此准确。那既然死者已无知觉，又何必令魏丑夫随葬？两人同处棺木之中，彼此都无感知，这又有何意义？又从何说得上陪伴与慰藉？

宣太后一听，察觉庸芮的言下之意，是在劝说自己放弃殉葬之举，不由得皱起眉头，沉吟片刻后却又改变说法，称自己方才失言，实则人死之后仍有知觉。

庸芮听得此言，心中暗喜，知其已有所动，便接着说道，既然太后认为死后仍有所知，那就更应多加谨慎。宣太后闻言诧异，反问何须谨慎。

庸芮于是进言，说太后应知，死去的人并非只有她与魏丑夫，还有她的先夫——已故的先王。若人死后仍能感知，那太后这些年所为，恐怕早已落入大王眼中。太后若将魏丑夫一并带去，又当如何解释如今这段情事？

宣太后听到此处，面色微变，心中忽生忐忑。庸芮见状，继续进言，说太后若真忧虑死后有感知，何不趁现在努力弥补夫妻情分，而非再执意宠爱魏丑夫，置自己于难堪之地？

宣太后细细思量之后，终于点头认可庸芮所言。她当即收回了令魏丑夫殉葬的决定，并暗自祷祝他延年益寿，长享人间太平。

控局锦囊

庸芮说服宣太后时使用了一种巧妙的话术，让宣太后陷入了两难困境。不管是认为死后有知觉还是认为死后没知觉，庸芮都有现成的话在等着她，让她知道带魏丑夫下去是没有意义的，从而让宣太后放弃了让魏丑夫殉葬的想法。

当我们自己遭遇两难困境时，也要有应对的方法。他人为我们提出了两种情况，却未必只有两种情况。对方之所以提出两种，无非是想让我们从中二选一，而不管我们如何选择，对方都已经有了应对的方法。在这种情况下，只有跳出圈套，不陷入固有思维，才能破解两难困境。

贾诩：立储这件事，让我想起了袁本初

曹操讨伐张绣时，长子曹昂不幸战死。从那以后，关于由谁继承曹操大业的问题，便成了左右朝局的一道难题。按照宗法顺序，次子曹丕理应成为世子，但曹操素来风雅，喜好诗文，其第三子曹植才华横溢，工于辞章，深得曹操喜爱。因此，他在两子之间迟迟难下定论。

曹操一日不做决定，曹丕与曹植之间的暗中争斗便愈演愈烈。朝中也逐渐分成两派，拥护不同的世子人选，局势越发紧张。眼见事态升级，曹操的头风病也开始频繁发作。

曹操之所以能够成就一番伟业，其中一个关键便在于他能纳谏听言。早年有郭嘉、荀彧、戏志才等人竭力辅佐，皆为他立下汗马功劳。而其中又有一人尤为特别，那便是贾诩。此人初显才识便令曹操另眼相看，自入曹营后便以谨慎自守著称，极少参与朝政议论，闭门谢客，形同隐士。

然而，眼下继承人之事牵涉甚重，曹操再难独自权衡，便暗中找来贾诩，屏退左右，低声与他说出心中想法。曹操坦言，自己对贾诩一向信任有加，如今有一事久不能决，愿听他一言。他提到临淄侯曹植聪颖过人，诗词文章皆有造诣，处事亦果断干练，自己甚为欣赏，问贾诩是否认为立他为储合适。

贾诩听罢这番话，心中却是一沉。他暗自思忖，曹操一番夸赞，无疑是要他点头称是，甚至可能借此作为立储的依据，将决策之责推到他头上。这种重担，贾诩自然不愿背负。

他一时沉默不语，曹操见状不悦，语气中多了几分焦躁。他心中盘算，贾诩身居高位多年，享受优厚俸禄，今日不过让其参谋一策，竟如此迟疑。想到此处，曹操轻咳了两声，似要催促。

贾诩见状，只得开口应对。他神情淡然地说道，自己刚才竟走了神，恰好想起两对父子之事。

曹操听了这话，顿生疑惑。他不明白，在此等重要议题上，贾诩竟会想起他人父子，便立即追问他所指为何人。

贾诩答道，他想到的是袁绍父子与刘表父子。他解释说，这两位昔日诸侯，皆为人主，实力一时鼎盛。然在立储一事上，他们皆偏爱幼子，舍长立幼，由此引发内乱，宗族分裂，最终为他人所乘。正因如此，袁绍与刘表之业，皆为曹操所并。

曹操闻言，不由得脊背一凉。他细细思索，若真立曹植为储，是否也会步袁、刘之后尘？他自觉幸得一言提醒，及时悬崖勒马，便当即打消了立曹植为储的打算。

控局锦囊

曹操想立曹植的想法必然是经过深思熟虑的，想要改变其想法，何其困难！在这种情况下如果直言不讳，恐怕曹操会当场翻脸。于是，贾诩提出了两个反面例子，让曹操自己想。

当一个人认定某件事后，还来询问你的意见，不过是想得到一个肯定的答案而已。这时候，最有效的做法就是提出反面案例，让对方明白此事不可行。

狄仁杰：逻辑引导，让对方自己醒悟

唐朝的女皇武则天与名臣狄仁杰之间的往来，一直为后人津津乐道。毕竟，在那个权力至上的时代，能够劝女皇改变初衷的人寥寥无几，而狄仁杰正是其中之一。

随着年事渐高，武则天如同历代帝王一般，开始认真思考自己的身后之事。但她的情形又与他人不同。她姓武，而她的儿子则姓李。若从血缘而言，亲生儿子无疑是她至亲至近之人。然而，这座皇位原本属于李唐，是她亲手从李氏手中夺得的。如今若将皇位再度交还李氏，岂不等于自己多年苦心经营一场空？

于是，她萌生了传位于侄子的念头。

表面看来，此举似乎合乎情理。但此事毕竟前所未有，连武则天自己也感到犹豫。她需要一位可信赖的人为她出谋划策，这个人，无疑非狄仁杰莫属。

于是，她召见狄仁杰，毫不掩饰地向他说出了自己的想法。她直言，眼下有立储之需，不知是应当传位于自己亲生的李氏子嗣，还是另择武氏宗亲。

狄仁杰早已看不惯武三思、武承嗣等人横行朝堂。他们无德无能，却擅权骄横，打压正直大臣，扰乱朝政。他深知，若让此辈继承大统，天下恐难安稳。于是，他平静地回应，称自己年过花甲，从未听闻有侄儿将姑母供奉入宗庙的先例。

武则天听后恍然大悟。这句话虽语气轻缓，却重若千钧。她迅速意识到，若将皇位传于李氏子孙，纵然史家评说不一，但她毕竟曾为高宗皇后，又亲承大统，在法统上无可置疑。如此一来，她自可名正言顺地入列李氏宗庙，享受后代香火供奉，春秋祭祀不绝。子孙将铭记她的功业，她的名字也将在庙堂与史册中世世代代延续。

可若是传位给武氏宗亲呢？她既已嫁入李家，宗庙归属自然属李氏。将来武氏继统，她又该归于何处？既无法入李氏庙堂，又无武氏名分祭奉，百年之后恐将湮没于历史尘埃，连她曾为女皇的事迹也难得记载。

深思熟虑之后，武则天毅然作出抉择，放弃一己宗族之私，确立李氏子孙为太子。此一决断，不仅稳定了朝廷政局，安抚了人心，更为她自己赢得了法统承认与历史正名，使她以一代女皇的身份稳居史册。

控局锦囊

聪明人往往会执着于某个自己得出的结论，想要改变他们的想法，越是强硬，就越会引发他们的逆反心理。但是聪明人更擅长用逻辑思维来思考问题。就如同一个毛线团，扯出一个线头放在面前，他自己就能理出后面的内容。狄仁杰稍加点拨，武则天马上就明白了问题所在，以及两个选项孰优孰劣。

第八章

谈判：逆风翻盘的心理博弈

在错综复杂的利益交织中，谈判之术不仅是一种力量的展现，更是一场能将逆风局翻转为顺风局的心理博弈。谈判之道在于攻心，关键时刻，一句机智的反问或一个微妙的暗示都可能成为扭转乾坤的妙招。

无名兵：救武臣大人，我一张嘴足矣

秦朝末年，天下大乱，民不聊生。陈胜、吴广因遭遇大雨，误了前往渔阳戍边的征调期限，按照秦律，迟到者皆斩，无可宽宥。在这生死关头，他们遂在大泽乡揭竿而起，打出了“王侯将相宁有种乎”的口号，喊出了平民百姓心中压抑多年的愤怒。这支农民起义军如同野火燎原，很快便集结起大批响应者，建立张楚政权，撼动了秦朝根基。

在这支义军中，有一位名叫武臣的勇士，身材高大，膂力过人，且善于言辞。他原为平民，心怀报国之志，得知义军起事，毅然投身其中。陈胜见其才干，命其与张耳、陈馀进军赵地。武臣在途中以慷慨激昂之言动员百姓，又以仁义安民之策招抚地方，很快就聚集起数千兵士，声势浩大。在赵地一带，许多地方官知其来意，感其声望，不战而降，纷纷献城归附。武臣就此声名大噪，为义军开辟出一片新天地，成为反秦力量中的重要一环。

武臣手握数十座城池，权势骤增，渐生异心。他自感兵强马壮、地广人多，不愿再受他人节制，于是自立为王，称赵王，并乘胜出兵进攻燕地。

他派出将领韩广率军作战，韩广在燕地同样战无不克，所向披靡。

战事未久，韩广察觉自己麾下兵强马壮，地盘日益扩大，便心生异志。他思忖，既已掌握重兵，又据有广地，何必屈居人下？于是仿效武臣，自立为燕王。

武臣闻讯大怒，对韩广的背叛愤懑难平，亲率大军征讨韩广。但韩广更胜一筹，两军交战，武臣兵败被擒，成了韩广的阶下囚。韩广旋即派人向赵地索取赎金，要求以半数领地换回武臣。

赵国诸将闻此，面面相觑。众人皆知，一旦答应韩广割地求和，既有辱声名，又动摇根本。武臣虽为赵王，但各地将领割据一方，实则各怀其志，谁也不愿失地失权。于是，众人暗自达成默契，表面沉默，实则无意救援。

在众将一筹莫展之际，一名小兵却从人群中站了出来。他向众将拱手说道，自己虽无兵马在手，也无显赫身份，但有一张利嘴，若能一见燕王韩广，定能凭三寸不烂之舌，说服对方释放武臣，使其安然归赵。众人闻言，初闻之下皆以为狂妄之语，但再细思之，若果真如其所言，不必动刀兵、不用割地求和，便可挽回危局，何乐而不为？众将遂决定放手一试。

小兵单身赴燕，径直求见韩广。初见之时，韩广闻其为无名小卒，便语带不屑，命侍卫将其驱离。但小兵并不惊惧，反而神色从容地回问韩广："将军可识张耳、陈馀二人？"韩广听罢，神色一变。那二人乃旧时同袍，曾共事于陈胜麾下，怎会不识？他缓缓答道："确是故人，性情见识皆不凡。"

小兵趁势追问："若论张耳、陈馀与武臣三人之才，将军以为孰优孰劣？"韩广稍作沉思，缓声回应道："武臣若真有大才，也不至于轻易落入我手。反倒是张耳、陈馀二人，行事沉稳，谋略过人。"

闻此，小兵微微一笑，继续陈词："将军既知张耳、陈馀之才，又岂会不知其志？二人绝非安于人下之辈。如今武臣被擒，二人不但未动营救之念，反而暗中扩兵募将，有意借势而起，自立为王。试想，若武臣命丧燕地，张耳、陈馀便可借为兄弟复仇之名，联合旧部，兴兵讨伐燕国。届时，赵地两雄并起，攻燕之势如排山倒海，将军岂能独善其身？"

此言一出，韩广如当头棒喝，冷汗涔涔。若因一人之死而致赵地反噬，甚至招来两路兵锋，燕国势必岌岌可危。

韩广陷入沉思，良久方下定决心。他感叹小兵之言句句入理，遂果断下令释放武臣，并命数十骑护送其与小兵一同返回赵地。

一场原本几近无解的政治僵局，却因这名看似平凡的小兵的只言片语，化于无形。此事传开，众人皆叹其胆识与机变，也使世人见识到，真正的谋略，不必执戈上阵，一纸言辞，足可转乾坤、定江山。

控局锦囊

谈判的关键是知己知彼，只要揣摩到对方的心思，自然就能事半功倍。小兵之所以能靠一张嘴救出武臣，正是因为他摸透了韩广的心思。韩广不怕武臣，但是害怕张耳、陈馀。一旦武臣不是赵王，张耳、陈馀就会带兵打过来，这简直是韩广最可怕的噩梦。因此，韩广选择放武臣离开，也是意料之中的事。

梁适：让契丹人自己把话吞回去

北宋时期，契丹强盛崛起，建立了辽国。经过多次交战，北宋未能彻底击败辽国，而辽国也无力吞并中原。最终，两国以“兄弟之邦”自居，达成暂时和平。宋朝自居为兄长之国，每年以“岁币”为名赠予辽国大量财物，实则是一种不得已的安抚之策。而辽国因军事实力更强，始终希望扭转这层关系，真正实现地位对等。

某日，辽国使者带国书入朝，言辞中提出，两国既称兄道弟，便应以“北朝”与“南朝”相称，更显亲切。如今一称“大辽”，一称“大宋”，反而疏远了感情。他们建议，将彼此的称谓改为“南朝”“北朝”，以示友好。

表面看来，这只是一种称呼的调整，但实际上却隐藏着深意。宋朝虽国力稍弱，但仍为中原正统，其“中央大国”的地位未曾动摇。辽国虽自称“大辽”，但未曾获得宋廷的正式承认。若接受“南朝、北朝”之说，便等于承认两国平起平坐，改写法统。

宋廷群臣商议之后，多数人认为辽国强势，若不答应，恐生事端。唯有官员梁适坚决反对，并早已想好了应对之策。

梁适见到辽国使者后，言辞坚定地表示，两国的国号，并非随意而定，而是由开国之主、列祖列宗所赐，是承天命、奉祖制的象征。如今仅为表达亲近，就要更改国号，岂非置祖宗于不顾？他反问道，若为与宋国亲善，辽国便要放弃祖上赐予的国号，是否连祖宗都可舍弃？

这番话令辽国使者无言以对。结果到了年末，辽国使者再度递交国书时，称呼果然未再更动。

到了皇祐年间，辽国使者再次入宋，希望观赏一场规格最为隆重的音乐演出。而在宋朝，最具规格的演奏，莫过于太庙祭祀时由专职乐工奏响的庙乐。

此事上报枢密院，时任枢密副使孙沔出面应对。他告知辽国使者，太庙乐工只在祭拜祖宗之时才行演奏之礼。若贵国真有兴趣，不妨在祭祖之时一同前往，届时自然能听到所期待的演奏。

此话一出，辽国使者顿感尴尬。祭拜他国宗庙，岂不是折损自家体面？仅为听曲，便要下拜他族祖先，实难接受。于是，辽国使者不再提此事，默默作罢。

控局锦囊

谈判时，对方难免会狮子大开口，提出一些过分的要求。如果直接拒绝，谈判就会产生火药味，走向也就难以预料了。

跟辽国使者谈判时，梁适和孙沔都利用了规矩这样一种不可抗力，搬出了祖宗这样一个不可违逆的角色。如果辽国使者不依不饶，那就成了破坏规矩、违逆祖宗的人，失去了正义性。

王阳明：你掂量掂量后果，再作决定

王阳明不仅学问高深，传道授业有方，更能于国家危急时挺身而出，出征剿匪。然而，他的剿匪方式与世人印象中的刀光剑影大不相同。他并非依赖兵刃，而是借助言语之力，竟令山中群匪感念其诚意，纷纷归顺。世人称赞他“文能提笔安天下，武能上马定乾坤”，并非虚言。

当年王阳明奉命赴南赣平乱，朝廷虽给予他除士兵外的一切支持，但群匪隐伏山林之间，来去如风，若无兵力，实难追剿。当时，有地方官员建议雇募土司兵协助，但王阳明拒绝了。他认为土司兵性情凶悍，若节制不当，恐比匪寇更难控制。他并未灰心，反而自有良策。

不久，王阳明亲笔草拟一封《告谕浰头巢贼》的劝降书，命人送至匪众聚集之地。信中既有真诚劝导，也有深刻警醒。他首先表达了对匪众处境的同情，又借事明理，逐层剖析。信中写道，人人都以被称为盗贼为耻辱，也都痛恨遭人抢掠。若有人当面骂匪众为贼，他们定会愤怒地反驳。既然不愿被骂作贼，为何仍行劫掠之事？如今众人痛恨匪患，官府也必将派兵剿灭。他自述平日连鸡狗也不愿宰杀，更不忍对人举刃。若因剿匪而杀生，自己的子孙后代或将受累，这是得不偿失之事。

接着，王阳明描绘了改过从善的前景。他在信中写道，听闻匪众也多为迫于生计，劫掠所得，尚不足温饱。平日东躲西藏，如过街老鼠。若能将这份勇气和精力用在务农、经商之事上，早已安家立业，衣食无忧。那时，既可安心入城，又能闲步田间，岂不胜过朝不保夕的亡命生活？如今出门畏官军，归家怕追兵，到头来不过家破人亡，妻子儿女受辱受困，此生此世，岂不凄凉？

信的最后一段则刚柔并济，表明立场。他告知匪众，已遣人前往招抚，还送上肉食、酒水、银两、布匹，以表诚意。他愿他们拿着这些物资，好好与妻儿度日，从容思虑将来。信中坦言，浰头地区贼匪众多，难以一一告知，能见到此信者，皆属有缘。他自觉已是仁至义尽，若仍有人执迷不悟，那便是负了他的好意，届时挥兵而动，便不再留情。

传闻这封劝降书送达后，不少匪众阅毕，伏地而泣，不知是被感化，还是心生畏惧。一夜之间，群匪纷纷归附，不仅俯首称臣，更誓言愿追随王阳明左右，终身不悔。王阳明也由此顺利平定南赣之乱，完成剿匪使命。

控局锦囊

王阳明剿匪时兵力不足、腹背受敌，如果盗匪不肯投降，王阳明也是巧妇难为无米之炊，剿匪之路不会太顺利。王阳明剿匪失败了，大不了一走了之。而盗匪们失败了，则要面对残酷的刑罚，不管是自己还是妻儿，都要迎来悲惨的结局。简单来说，就是王阳明输得起，而盗匪们输不起。此时，他再给盗匪们一条可以接受的路走，纳头便拜也就成了可选项。

我们在谈判的时候，不妨利用对方输不起的心态，不断降低对方对结果的预期。当对方意识到失败的后果无法承受时，就会陷入恐惧。此时我们再提出一个相对容易接受的条件，就能在谈判中获得优势，进而取得胜利。

王继：
麒麟有记载，你们谁见过

明孝宗朱祐樘即位之后，励精图治，兢兢业业，所行政务多有成效，后人称其在位期间为“弘治中兴”。然而，此一盛世之中亦有瑕疵，朱祐樘虽为明君，却颇为迷信，且对宦官宠信有加，由此引发不少荒唐之事。

一日，他听闻山西紫碧山出产一种名为“石胆”的奇物，传说只需一口便可延年益寿。皇帝心动之下，遂命宦官前往山西采集此物。

宦官抵达山西后，不顾百姓疾苦，日夜催逼民众进山搜寻。若无所获，便以鞭笞相加，毫不留情。民间田亩荒芜，农事停顿，而宦官自身却整日饮食丰盛、生活优裕，毫无怜悯之心。

朝廷遣臣可以不顾民间疾苦，但地方官却不可如此。地方官为百姓之“父母”，理应以慈爱之心守护一方黎庶。眼见百姓受苦于宦官驱策，山西按察使王继不忍坐视，毅然挺身而出。他向乡民宣示，此宦官虽奉旨而来，却无理可依，众人不必过于畏惧。若实在无“石胆”可寻，便拣些山石交付即可，若因此惹祸，他愿一力承担。

百姓虽心有疑虑——皇命在上，一介地方官怎能违抗？但眼下已被宦官折腾得民不聊生，若再不设法脱困，田园与家业皆将毁于一旦。无奈之下，众人遵从王继之计，从山中择得形貌类似之石，交由王继代为上呈。

王继携石前往宦官处。宦官闻听“石胆”已获，欣喜异常，满心以为不日即可邀功京师。岂料所见却是一筐普通山石，当即勃然作色，怒责王继敢以凡石相欺。他厉声斥问，称奉天子之命前来寻宝，而王继竟敢以此物搪塞。

王继闻言并不惊慌，只是拱手作揖，语气平和地请教宦官，既然眼前之物非石胆，不知宦官所指之“石胆”应作何状。宦官答道，虽未曾亲见其貌，但书中早有记载，故必定实有其物。

王继从容回应，既是如此，世间书中亦常有凤凰、麒麟之说，然今人何曾得见？果真存在乎？

此言一出，宦官无以答对，一时哑然。其后，此事不了了之，百姓得以喘息。

控局锦囊

面对荒谬，要学会以谬制谬。将问题夸张处理是以谬制谬的有效方法之一。由于对方不清楚事情的具体状况，不了解其中存在的问题，只有将问题放大，对方才能看清楚，才能明白问题的关键所在。另一个以谬制谬的方法是“以彼之道，还施彼身”。当对方提出的要求难度过大、无法实现时，与其花费口舌去解释，不如同样找个问题刁难对方，让他明白自己提出的要求有多荒谬。